图说农村人居环境整治系列丛书

图说指缝里溜走的资源

——农村生活垃圾处理利用的故事

农业农村部规划设计研究院　编绘

中国农业出版社

北京

图书在版编目（CIP）数据

图说指缝里溜走的资源 ：农村生活垃圾处理利用的故事/ 农业农村部规划设计研究院编绘． —— 北京 ：中国农业出版社，2020.11

ISBN 978-7-109-27639-0

Ⅰ．①图… Ⅱ．①农… Ⅲ．①农村-生活废物-垃圾处理-图解②农村-生活废物-废物综合利用-图解 Ⅳ．①X799.305-64

中国版本图书馆CIP数据核字(2020)第250883号

中国农业出版社出版

地址：北京市朝阳区麦子店街18号楼

邮编：100125

责任编辑：周锦玉　杨　春

责任校对：吴丽婷

印刷：北京缤索印刷有限公司

版次：2020年11月第1版

印次：2020年11月北京第1次印刷

发行：新华书店北京发行所

开本：880mm×1230mm　1/24

印张：$1\frac{2}{3}$

字数：40千字

定价：20.00元

前言

　　截至 2019 年末，我国农村常住人口为 5.52 亿人，占全国总人口的 39.4%。调查显示，我国农村每人每天生活垃圾产生量约为 0.86 千克，由此可以估算出农村地区每年的生活垃圾产生量约为 1.73 亿吨，可见我国农村地区生活垃圾处理利用任务十分艰巨。

　　农村生活垃圾治理是农村人居环境整治的重点任务。2018 年，中共中央办公厅、国务院办公厅印发的《农村人居环境整治三年行动方案》要求统筹考虑生活垃圾和农业生产废弃物利用、处理，建立健全符合农村实际、方式多样的生活垃圾收运处置体系，为建立干净整洁的农村人居环境奠定扎实基础。为了普及农村生活垃圾处理利用知识，农业农村部规划设计研究院组织编绘了科普绘本《图说指缝里溜走的资源——农村生活垃圾处理利用的故事》。

　　本书深入浅出、形象生动地介绍了农村生活垃圾的组成、分类、收集与处理技术等实用知识。书中的内容紧扣实际情况，涵盖了农村生活垃圾处理利用的主要方面，并通过科普问答的方式通俗易懂地一一铺陈开来。希望本书能够对农村生活垃圾处理利用技术模式选择起到一定的借鉴作用，并帮助广大农民建立起全面、科学、准确的认知。

　　书中不足之处在所难免，敬请广大读者批评指正。

编　者

2020 年 7 月

目录

第一章
农村生活垃圾特点及分类

一、农村生活垃圾都有哪些？分别有什么特点？

1. 有机垃圾

占 40% ～ 50%，指含有机质丰富的物质，主要包括厨余垃圾、农作物秸秆、人畜粪便等。

厨余垃圾

农作物秸秆

人畜粪便

2. 灰土垃圾

占 40% ～ 50%，指生活或建造产生的土类物质，主要包括建筑垃圾、渣土、草木灰等。

建筑垃圾

砖瓦、渣土

草木灰

3. 可回收垃圾

占 5% 左右，指经过加工或直接回收可制成其他产品原材料的物品，大部分是废品类垃圾，主要包括废纸，废塑料，废旧家电、家具，废旧橡胶，玻璃等。

废纸

废塑料

废旧家电、家具

废旧橡胶

玻璃

占 5% 左右，指对人体或生态环境造成危害的物品，需要专门收集，主要包括医疗垃圾、电子垃圾、过期药品、废油漆桶、废水银温度计、废旧电池（包括蓄电池）、农药瓶、灯具等。

废旧电池
（包括蓄电池）

农药瓶

废油漆桶

占 1% ～ 3%，主要指不可回收的废纸类物品、不可降解的塑料制品等。

不可回收的废纸类物品

不可降解的塑料制品

二、农村每人每天可产生多少生活垃圾?

我国农村每人每天生活垃圾产生量约为 0.86 千克，年产量约达 1.73 亿吨。由于农业结构、生产季节和生活习惯的不同，我国农村生活垃圾产生量呈现经济发达地区高、欠发达地区低的特点，其组成呈现季节性差异，人口多、散户养殖数量较多和旅游业为主的村庄生活垃圾产生量较大。

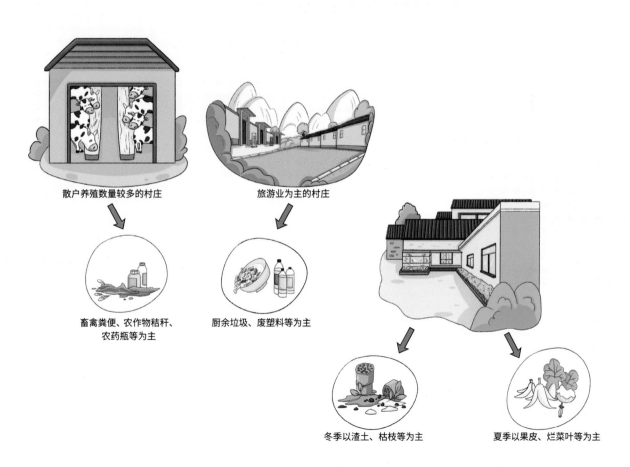

散户养殖数量较多的村庄

旅游业为主的村庄

畜禽粪便、农作物秸秆、
农药瓶等为主

厨余垃圾、废塑料等为主

冬季以渣土、枯枝等为主

夏季以果皮、烂菜叶等为主

三、农村生活垃圾处理利用有何意义？

1. 减少占地

分类

不易降解垃圾

可回收垃圾

对可回收和不易降解的垃圾分类，可将生活垃圾减量 50% 以上。

2. 减少环境污染

生活垃圾中废弃的电池、水银温度计、油漆、塑料等含有毒有害物质，具有环境污染风险，威胁人类健康。进行垃圾分类和有效处理，可保护环境，有利于人类健康。

3. 变废为宝

　　1 吨废塑料可回炼 600 千克的柴油；回收 1500 吨废纸，可少砍伐 2 万棵林木；1 吨易拉罐熔化后能结成近 1 吨铝块，少开采 20 吨铝矿；1 吨厨余垃圾可生产约 200 千克的肥料……应珍惜这个"小本大利"的资源宝藏。

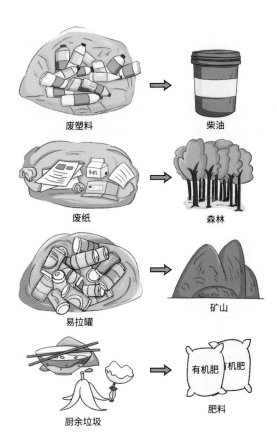

废塑料　→　柴油

废纸　→　森林

易拉罐　→　矿山

厨余垃圾　→　肥料

四、农村生活垃圾如何分类?

根据《农村生活垃圾处理导则》（GB/T 37066—2018），可将农村生活垃圾分为可回收物、可堆肥垃圾（易腐垃圾）、有害垃圾以及其他垃圾等4类。

图说指缝里溜走的资源——农村生活垃圾处理利用的故事

五、家庭中如何进行生活垃圾分类?

① 家庭中,可将可回收垃圾分别放在不同的箱子或小盒子中,每周或每月统一清理一次,直接卖给废品回收站。

② 可堆肥垃圾最好每天清理,外出时,将其带到村庄社区或街道垃圾收集点倒掉。

③ 含有害物质的垃圾需要对其进行特殊的安全处理,可以先将其存放在小盒中,装满时统一送至村庄有害垃圾回收箱中。

④ 家庭中用不着的旧物、过时的衣服等,可以先分类清理或改造,旧家电、家具可以送去二手市场,用过的包装盒可以制作成收纳箱、收纳盒等小物品。

六、村庄内如何进行生活垃圾收集？

村庄保洁人员对村内垃圾收集点的垃圾二次分拣回收利用，将可堆肥垃圾统一转送至中转站或就近堆肥处理，不可回收垃圾转运外送。

二次分拣
二次分拣桶
统一转运

第二章
不同类型村庄生活垃圾处理模式

一、城市近郊型村庄生活垃圾如何处理？

1. 城市近郊型村庄宜采用城乡一体化处理利用模式

村庄生活垃圾首先以家庭为单位进行分类，村庄保洁人员对村内垃圾收集后，由乡、镇集中转运至垃圾中转站，再纳入县级及以上的垃圾集中处理中心等系统内。

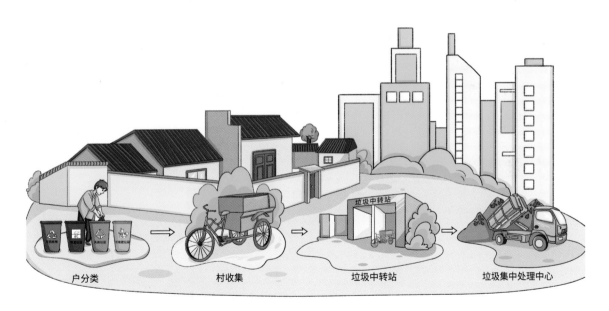

户分类　　　村收集　　　垃圾中转站　　　垃圾集中处理中心

山东省某县："城乡一体化"处理模式

将全县镇街区驻地、村（社区）的道路保洁、垃圾收运全部委托给环卫公司，实行由环境卫生管理部门监管、环卫公司运营的"一竿到底"管理模式，构建"统一收集、统一清运、集中处理、资源化利用"的城乡生活垃圾收集处理模式，实现"垃圾收集运输全封闭，日产日清不落地"。

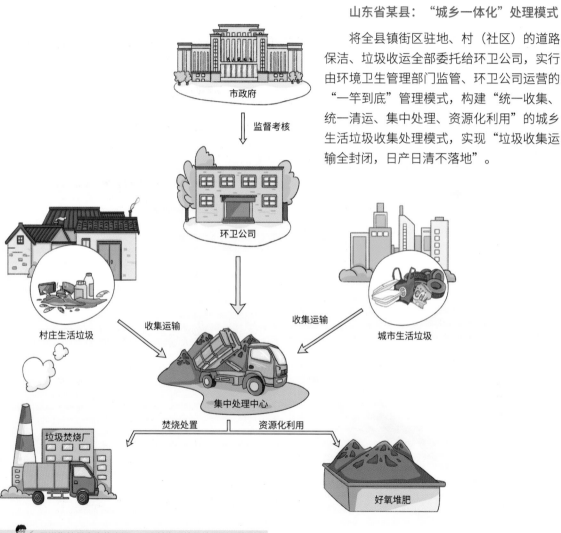

二、中心村庄生活垃圾如何处理?

1. 中心村庄生活垃圾宜采用集中处理利用模式

以多个村庄或镇为单位进行垃圾分类、收集和转运,易腐垃圾通过好氧堆肥生产有机肥或厌氧发酵产沼气、沼肥等集中处理,可回收垃圾回收转运,其他垃圾进行填埋或焚烧等。

易腐垃圾

其他垃圾

阳光堆肥房

垃圾填埋

以多个村庄或镇为单位

垃圾分类收集

转运

浙江省某镇：多村集中处理模式

为了节约处理和管理成本，距离较近的多村联合建设阳光堆肥房和垃圾中转站，并设立镇对村考核、垃圾分拣员评优、对农户收缴卫生费的层级网格化监管体系。农户将生活垃圾分为易腐垃圾和不易腐垃圾，各村集中收集后，分拣员进行二次检查分拣，易腐垃圾通过阳光堆肥房进行处理并制备有机肥料。

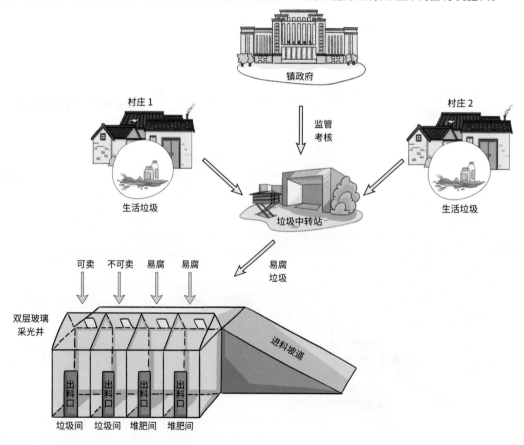

三、边远山区村庄生活垃圾如何处理?

1. 边远山区村庄生活垃圾宜采用就近处理利用模式

　　以村为单位,分选后的易腐垃圾通过简易堆沤或一体化堆肥设备集中处理,就近实现生活垃圾的肥料化利用;其他生活垃圾通过垃圾回收体系、填埋等方式收集处理。

2. 边远山区村庄生活垃圾处理案例

河北山区某村：就近处理利用模式

以村为单位建设易腐垃圾处理中心，并配套一体化好氧发酵制肥设备。农户分选后的厨余垃圾等易腐垃圾集中收集后，通过村内一体化好氧发酵设备进行处理，将有机物质发酵制成安全无害的有机肥料，施用于农田和果园，实现生活垃圾的肥料化利用。

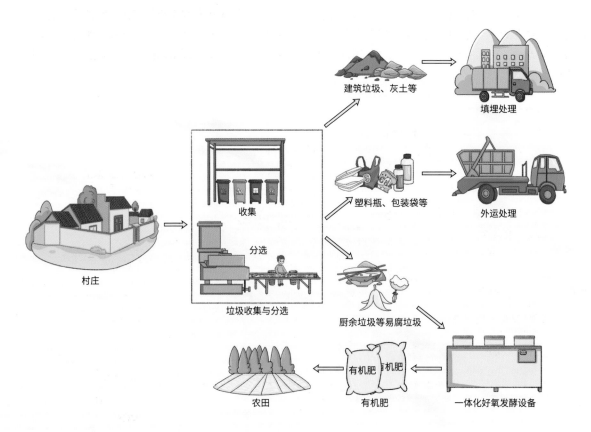

村庄

收集

分选

垃圾收集与分选

建筑垃圾、灰土等

填埋处理

塑料瓶、包装袋等

外运处理

厨余垃圾等易腐垃圾

一体化好氧发酵设备

有机肥

有机肥

农田

第三章
农村易腐生活垃圾就地就近处理

一、什么是堆肥处理?

堆肥也称好氧发酵,是将厨余垃圾、人畜粪便与农作物秸秆、尾菜等易腐废弃物按照一定的比例混合,在通风条件下,利用微生物的作用,在高温(一般为 50～70℃)条件下,将有机物质转变为稳定腐殖质,形成安全无害的有机肥料的过程。农村易腐垃圾堆肥可采用简易堆沤、阳光房堆肥、一体化反应器堆肥等方式。

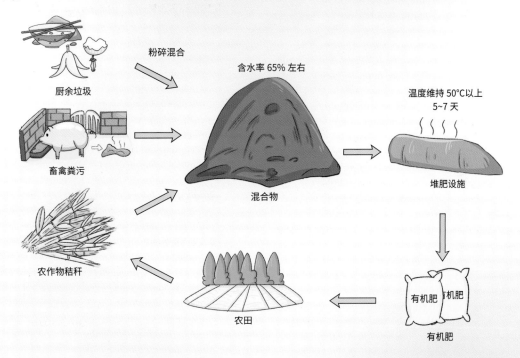

二、沤肥池如何建设?

通过建设简易沤肥池，可实现农村地区易腐垃圾分散处理。沤肥池一般采用砖混结构，池底和四周应做好防渗，将厨余垃圾、尾菜、秸秆、落叶等有机垃圾混合后进行堆沤，经过发酵腐熟后，产生的腐熟肥料可以施用于周边农田。沤肥池选址应在常住居民常年风向的下风向或侧风向。

三、阳光堆肥房如何建设?

阳光堆肥房由垃圾储存间、堆肥间组成，屋顶由数块透明的太阳能采光板拼接而成。易腐垃圾采用仓式静态好氧发酵工艺进行处理，地面由水泥浇筑，并铺设收集垃圾渗滤液的下水道。垃圾倒入堆肥房后，通过太阳能采光板加温、添加高效微生物复合菌剂、管道自然通风等将易腐垃圾转化为有机肥，具有设施投资少、易于维护等优点。

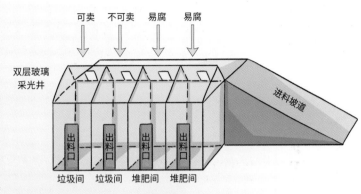

① 处理能力为 0.5～100 吨 / 天。

② 处理周期为 30～60 天。

③ 可配套建设通气设备、渗滤液回流喷淋、除臭等设施。

四、一体化反应器堆肥有何特点？

　　一体化反应器堆肥工艺主要用于中小规模易腐垃圾就地处理，易腐垃圾经过配料后进入反应器，采用通风、翻抛等方式实现快速发酵。主要优点是发酵周期短，占地面积小，不需要建设大型堆肥场，保温节能效果好，受天气影响小，自动化程度高，臭气易控制；主要缺点是单体处理量小、投资高。

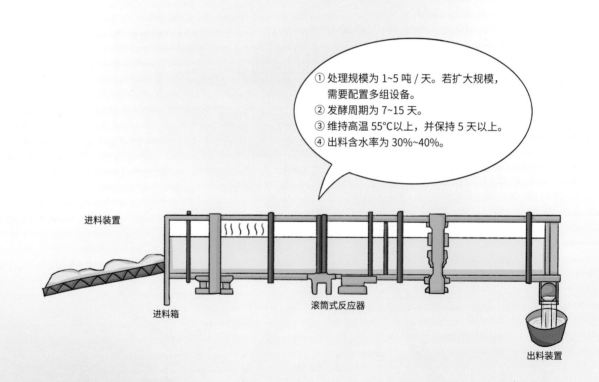

① 处理规模为 1~5 吨 / 天。若扩大规模，需要配置多组设备。
② 发酵周期为 7~15 天。
③ 维持高温 55℃以上，并保持 5 天以上。
④ 出料含水率为 30%~40%。

进料装置

进料箱

滚筒式反应器

出料装置

五、什么是沼气发酵处理?

沼气发酵处理指通过微生物厌氧发酵技术，将易腐垃圾转化为清洁燃料——沼气和沼肥进行资源化利用的方式，可以分为干法发酵和湿法发酵两类。沼渣和沼液经储存后在施肥季节用于农业生产。

六、沼气处理设施如何建设?

　　沼气处理系统一般包括预处理设施、厌氧发酵设施、沼气利用和沼渣沼液存储设施等，由集料池、匀浆池、发酵罐或发酵池、沼气储气罐、沼气净化装置、沼渣沼液贮存池等组成。

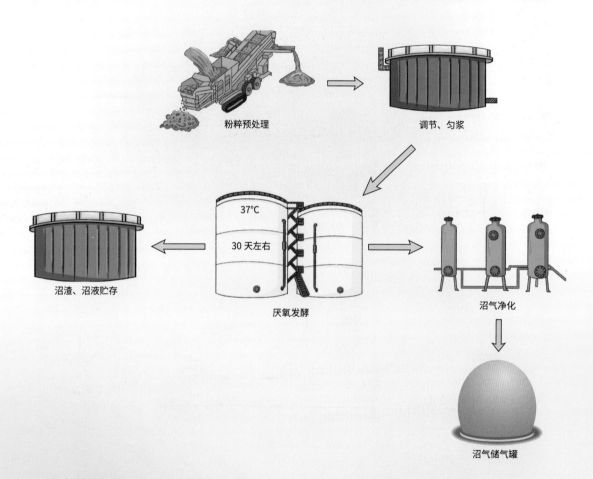

粉粹预处理

调节、匀浆

37℃

30 天左右

沼渣、沼液贮存

厌氧发酵

沼气净化

沼气储气罐

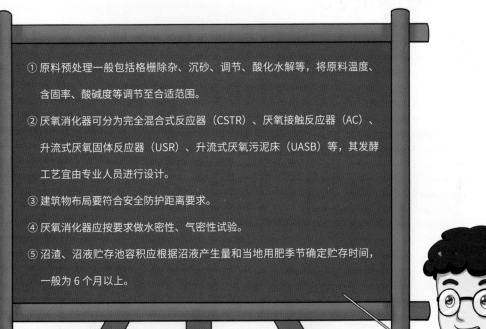

① 原料预处理一般包括格栅除杂、沉砂、调节、酸化水解等，将原料温度、含固率、酸碱度等调节至合适范围。

② 厌氧消化器可分为完全混合式反应器（CSTR）、厌氧接触反应器（AC）、升流式厌氧固体反应器（USR）、升流式厌氧污泥床（UASB）等，其发酵工艺宜由专业人员进行设计。

③ 建筑物布局要符合安全防护距离要求。

④ 厌氧消化器应按要求做水密性、气密性试验。

⑤ 沼渣、沼液贮存池容积应根据沼液产生量和当地用肥季节确定贮存时间，一般为 6 个月以上。

七、多种有机废弃物如何协同处理？

协同处理是农村生活垃圾处理与已建的有机肥厂、沼气工程等畜禽粪污或厕所粪污集中处理设施相结合，将易腐垃圾与厕所粪污、畜禽粪污等混合后一起处理。

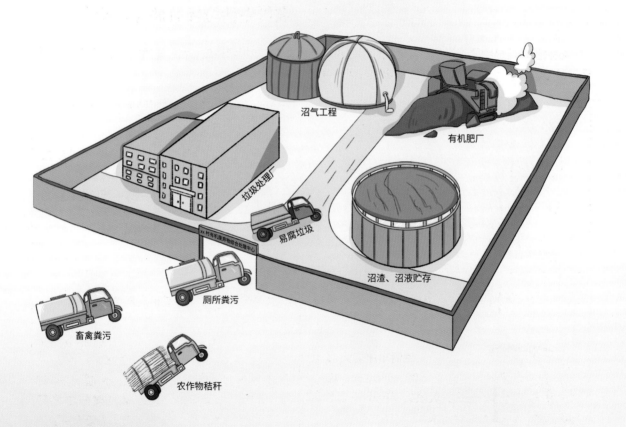

沼气工程

有机肥厂

垃圾处理厂

易腐垃圾

沼渣、沼液贮存

厕所粪污

畜禽粪污

农作物秸秆

第四章
农村生活垃圾转运集中处理

一、农村生活垃圾收储运设施有哪些?

农村生活垃圾收储运设施主要包括公用垃圾桶 / 箱 / 池、垃圾收集站 / 池、专用垃圾收集车、垃圾转运集装箱、垃圾转运车、压缩装置、垃圾转运站等。

1. 公用垃圾桶 / 箱 / 池

服务农户数量10 户左右、服务范围半径50～100米、容积300～500升。

2. 垃圾收集站 / 池

每个村设置1 个垃圾收集站 / 池,日收集能力为 1 吨左右。

3. 专用垃圾收集车

每辆车服务人口为 500～600 人,垃圾收集半径小于 2 千米。

4. 垃圾转运集装箱

容积 5～8 立方米,服务人口 不超过 4000 人,需与垃圾转运车配套使用。

每辆垃圾转运车服务人口为 3000～5000 人，服务运输距离 20 千米以内，垃圾转运车的容量以 5 吨左右为宜。

垃圾转运车

压缩装置与垃圾收集站配套建设。对于日处理能力小于 5 吨的转运站，一般需配备单次压缩能力为 5 吨左右的压缩装置 1 套；对于日处理能力为 5～30 吨的转运站，配备日压缩能力与其相配套的压缩装置。

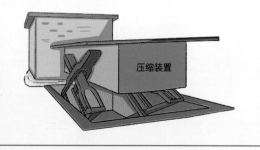

压缩装置

距离垃圾处理厂比较远的村庄（转运距离大于 5 千米）需要建设垃圾转运站，占地面积不小于 100 平方米，覆盖范围半径一般为 5 千米以内。

垃圾转运站

二、农村生活垃圾收运机制主要包括什么？

1. 人员配置

　　根据区域大小、人口规模和实际工作需要，配备适量的工作人员，进行岗前培训，统一着装，并明确职责。

2. 工作内容

　　根据垃圾性质和排放量确定收集清理频率，由垃圾收集人员定时收集清理，尽量实现"日产日清"。

3. 工作制度

　　制订相关的运行、维护、监督、投诉、档案等管理制度，有条件的村庄实施信息化管理。

垃圾中转站管理制度	垃圾中转站操作规程	垃圾中转站设施设备养护制度	垃圾中转站道路清扫制度
农村保洁员管理制度	农村生活垃圾管理制度	农村有害垃圾管理制度	环卫车辆管理制度

三、农村生活垃圾集中处理技术有哪些？

　　农村生活垃圾集中处理技术包括工厂化堆肥、沼气发酵、焚烧发电、热解、卫生填埋等技术，应根据当地垃圾特性及区域特性，合理选择适宜的垃圾处理技术。

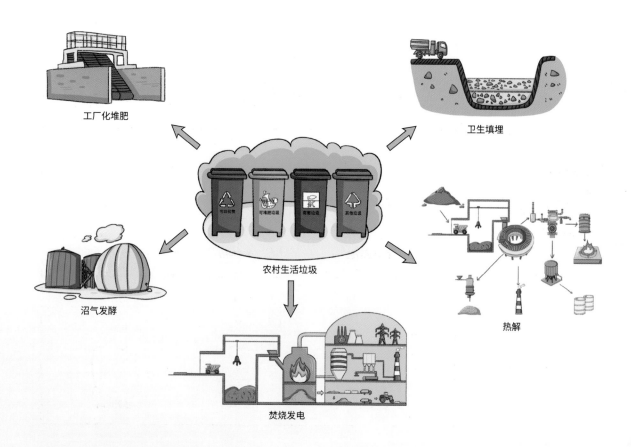

工厂化堆肥

卫生填埋

沼气发酵

农村生活垃圾

焚烧发电

热解

四、什么是生活垃圾工厂化堆肥技术?

　　生活垃圾工厂化堆肥技术是指采用先进设备和管理方法开展标准化、规模化、集约化的生活垃圾堆肥作业,主要包括垃圾预处理、好氧发酵、深加工和自动控制单元等,具有处理规模大、机械化程度高、发酵产物可再利用等特点。该技术适用于易腐垃圾比较多的农村地区生活垃圾处理。

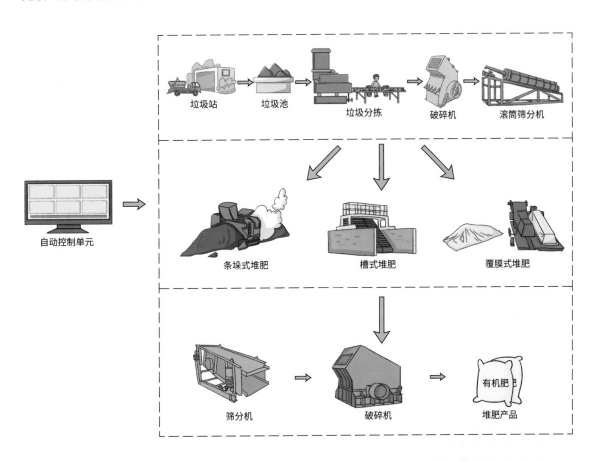

五、什么是生活垃圾规模化沼气发酵技术？

生活垃圾规模化沼气发酵技术是一项以易腐垃圾为原料的能源工程技术，一般单体发酵容积不小于100 立方米，或多个单体发酵容积之和不小于 100 立方米，主要包括湿式发酵和干式发酵技术。该技术适用于农村清洁能源短缺、有土地消纳沼液的农村地区生活垃圾处理。

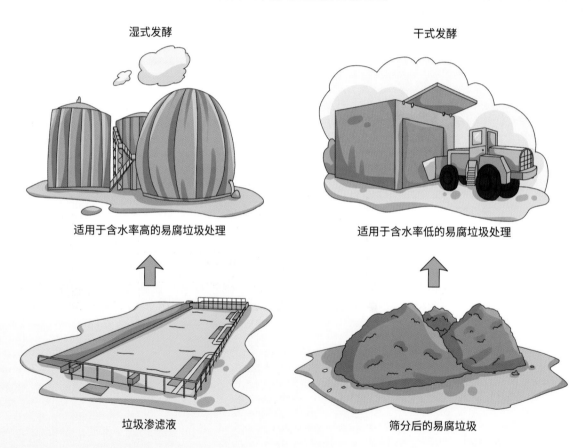

湿式发酵

适用于含水率高的易腐垃圾处理

干式发酵

适用于含水率低的易腐垃圾处理

垃圾渗滤液

筛分后的易腐垃圾

六、什么是生活垃圾焚烧发电技术？

生活垃圾焚烧发电技术是将生活垃圾放在封闭炉内，在不低于850℃的高温下烧成灰，热能发电上网，灰分安全填埋。该技术具有减容性好（体积缩小50%～95%）、无害化彻底、用地节省、热能可以回收利用等特点，适用于垃圾热值高、土地资源紧张、地方财力好的农村地区生活垃圾处理。

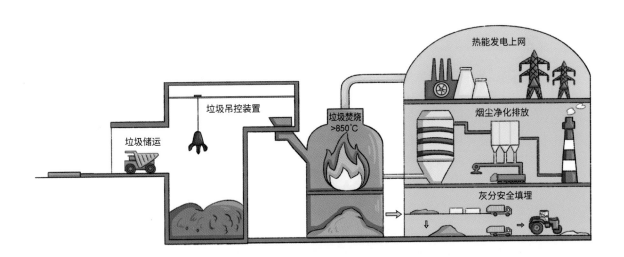

七、什么是生活垃圾热解技术?

生活垃圾热解技术是指在隔绝空气（氧气）的条件下，将生活垃圾加热至 500℃以上，促使生活垃圾中的有机物质发生热化学反应，变成可燃气、黑色碳化物、油水混合液体。该技术适用于垃圾热值高、农村清洁能源短缺的农村地区生活垃圾处理。

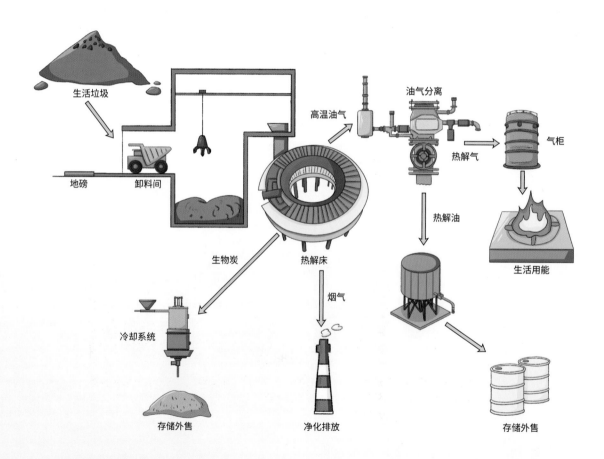